Docteur P. DELAGE

AIDE DE CLINIQUE
LAURÉAT DE LA FACULTÉ

Recherches Expérimentales

SUR LE SENS DE POSITION

à l'aide de nouvelles illusions tactiles

TOULOUSE

CH. DIRION, LIBRAIRE-ÉDITEUR

22, rue de Metz et rue des Marchands, 33

—

1913

Docteur P. DELAGE

AIDE DE CLINIQUE

LAURÉAT DE LA FACULTÉ

Recherches Expérimentales

SUR LE SENS DE POSITION

à l'aide de nouvelles illusions tactiles

TOULOUSE

Ch. DIRION, LIBRAIRE-ÉDITEUR

22, rue de Metz et rue des Marchands, 33

—

1913

A MON PÈRE ET A MA MÈRE

Hommage de ma reconnaissance
et de mon affection.

A MONSIEUR LE DOCTEUR A. RÉMOND (De Metz)

Chevalier de la Légion d'honneur
Professeur de clinique psychiatrique à la Faculté

A MONSIEUR LE DOCTEUR GILLES

Chirurgien-accoucheur des Hôpitaux

———

A MON AMI

LE DOCTEUR SAUVAGE

Chef de clinique psychiatrique à la Faculté

A MES MAITRES

De la Faculté et des Hôpitaux

INTRODUCTION

Le Raisonnement sert pour l'erreur
comme pour la vérité. »

V. Cousin.

Les problèmes que soulève la question du sens musculaire, ceux surtout relatifs aux mouvements des organes moteurs ont été depuis longtemps l'objet de nombreuses recherches. Il y a environ vingt-cinq ans tous les neurologistes, tous les physiologistes et tous les psychologues multipliaient les expériences sur les sujets normaux ou sur les malades et s'efforçaient de découvrir la véritable nature du sens musculaire. En 1887, au Congrès des Neurologistes Anglais, en 1889 au premier Congrès de psychologie, les travaux portèrent presque exclusivement sur ces questions.

Puis on commença à moins étudier ce sujet ; il ne parut plus sur le sens musculaire que de rares travaux, et on ne rencontre comme étude d'ensemble que le livre de Goldscheïder et celui de Woodworth.

La psychologie expérimentale a cependant fait depuis dix ans de grands progrès, relatifs surtout aux méthodes d'étude et on peut pousser loin l'analyse psychologique des sensations. De plus des physiologistes, tels que Sherrington, Hering, Mott, ont pratiqué sur la coordination des mouvements des expériences qui fournissent, pour l'étude des phénomènes moteurs, des données importantes. Mais si les questions relatives au mouvement méritent d'attirer de nouveau l'attention des expérimentateurs, c'est surtout à cause des tendances nouvelles de la psychologie. Cette attribue en effet aux phénomènes du mouvement une importance de plus en plus grande. Elle est empreinte maintenant de cette idée que tout état ou processus mental a son côté moteur et elle fait jouer au mouvement un grand rôle dans les théories de la perception de l'espace et du temps, de la mémoire et du jugement, de l'attention et de la volonté, des émotions, des appréciations esthétiques et enfin de la constitution de la conscience comme unité. « Le contenu de « la conscience, dit Woodworth (1) consiste en une « très large mesure en sensations produites par les « mouvements du corps et d'autre part toute sensa- « tion, toute pensée à une tendance à s'exprimer en « mouvements corporels ». Et cet auteur exprime l'espoir qu'un jour viendra où on écrira une psychologie compréhensive du mouvement, qui analysera le processus mental lié à tout acte moteur.

Si on voit par là l'intérêt que présente pour la psychologie et la psychiâtrie les phénomènes moteurs, on

(1) Le Mouvement 1905.

devine surtout la difficulté que présentera leur étude.
Un acte moteur ne présentera pas en effet à étudier
seulement des sensations nées dans les muscles, les
surfaces articulaires ou les ligaments, mais encore de
multiples associations d'ordre psychique. Et dans bien
des cas les sensations d'ordre musculaire se trouveront
obscurcies et cachées par les représentations surajoutées. « Lorsque par exemple nous soulevons un poids
« et que nous jugeons sa grandeur, notre attention
« est dirigée sur le poids lui-même et non sur les dif-
« férentes sensations que nous éprouvons dans la
« main et le bras. De même si nous essayons d'ap-
« précier la longueur d'un espace par le mouvement
« notre attention est dirigée sur les images qui nais-
« sent de ce mouvement et non sur les sensations
« musculaires produites. Il peut même arriver quel-
« quefois que pour un même état de nos membres
« nous portions l'attention sur des représentations très
« différentes. » (1).

Si l'on veut étudier les phénomènes du mouvement
au point de vue quantitatif, si l'on veut mesurer par
exemple l'exactitude de la perception du mouvement
on se heurte à une difficulté nouvelle : la grande variabilité individuelle des erreurs, le manque d'erreurs
constantes. Et la loi de Weber n'a pas tranché cette
difficulté, car on l'a reconnue fausse en ce qui con-
cerne la perception du mouvement.

(1) V. Henri. Année psychologique. 1898. 5. p. 401.

Nous avons appliqué à l'étude de ces questions une série de nouvelles illusions tactiles, imaginées par le Docteur Sauvage, chef de clinique psychiatrique à la Faculté, et le Docteur Soula, chef des travaux de physiologie. Les expériences que nous avons pratiquées sur ces illusions permettent de triompher des difficultés que nous venons de signaler, et nous avons tenté d'en tirer une étude méthodique de la notion de position. Cette question, si importante puisqu'elle se rattache au problème général de la perception de l'espace, est encore mal connue et n'a été étudiée qu'avec des expériences imparfaites. Les résultats expérimentaux que nous avons obtenu s'appliquent aussi à la solution de quelques uns des problèmes que soulève le mouvement des organes moteurs. En dernier lieu nous en avons étudié l'application à la clinique psychiatrique et neurologique.

CHAPITRE PREMIER

Tous les traités classiques et la plupart des auteurs
qui ont étudié le sens musculaire faut remonter à
Charles Bell les premières études sur le sens musculaire et la découverte de ce sens nouveau. Cette affir-
mation n'est pas exacte et on trouve bien avant Ch. Bell
des renseignements et des observations sur le sens
musculaire.

Descartes en a pressenti l'existence. Dans sa dioptri-
que il parle de sensations spéciales correspondant aux
différentes positions des muscles. Leibuitz dans sa
« Connaissance de l'entendement humain », parle des
sensations de fatigue ressenties par les muscles. Un
philosophe anglais, Berkeley, dans un mémoire sur
la vision, admet l'existence de sensations spéciales
correspondant à l'effort des muscles des yeux et les
désigne par le nom de « sensation of steaning ». Thomas Reid cite plusieurs observations sur le sens musculaire dans son ouvrage. « Inquiry into the human
mind ou the principales of common sense. 1764. »

Au commencement du XIXe siècle, Bichat indique

la sensibilité du tissu musculaire, étudie les sensations
de fatigue et les localise :

« Le tissu propre du muscle n'est que très peu sen-
« sible........ Cependant il est un sentiment particu-
« lier qui dans les muscles appartient bien évidem-
« ment à cette propriété. C'est celui qu'on éprouve
« après des contractions répétées et qu'on nomme
« lassitude. A la suite d'une longue station, c'est dans
« l'épais faisceau des muscles lombaires que ce senti-
« ment se rapporte surtout.

« Après la progression, la course, etc., si c'est sur
« un plan horizontal qu'elles ont lieu, ce sont tous les
« muscles des membres inférieurs ; si c'est sur un
« plan ascendant, ce sont surtout les fléchisseurs de
« l'articulation ilio- fémorale ; si c'est sur un plan
« descendant ce sont surtout les muscles postérieurs
« du tronc. Dans les métiers qui exercent surtout les
« membres supérieurs, souvent on y éprouve ce sen-
« timent d'une manière remarquable, lequel n'est
« certainement pas dû à la compression exercée par
« les muscles en contraction sur les petits nerfs qui
« les parcourent. En effet, il peut avoir lieu sans cette
« contraction antécédente comme on l'observe dans
« l'invation de beaucoup de maladies où il se répand
« en général sur tout le système musculaire, et où
« les malades sont, comme ils disent, fatigués, lassés,
« de même qu'à la suite d'une longue marche. » Plus
loin Bichat indique que la répétition d'un mouvement

et un effort trop violent amènent une sensibilité spéciale dans les ligaments.

En 1811 un médecin allemand Steinbuch publie son livre « Beitrag zur Physiologie der Sinne », dans lequel il consacre une cinquantaine de pages au sens musculaire. Il y donne encore une théorie de la perception de l'espace.

Un peu plus tard Thomas Brown (Lectures on the philosophy of the human mind) expose une théorie de la perception de l'espace qu'il fonde sur les sensations musculaires et il les étudie méthodiquement.

Nous n'arrivons que maintenant aux travaux de Ch. Bell, qui mentionne ses observations sur le sens musculaire dans deux communications à la Société Royale de Londres en 1822 et 1823. En 1825 son livre « Exposition du système naturel des nerfs du corps humain » contient une série d'observations pathologique dans lesquelles le malade perd la sensibilité cutanée, mais conserve le mouvement, peut apprécier la position des membres et arrive à **juger** sur le poids et la consistance des corps externes.

A partir de cette époque les observations se multiplient. Magendie, Cl. Bernard, Chauveau, Ewald, Biskel, Malt, font de nombreuses recherches sur les animaux, Longet, Brown-Sequard, Duchenne de Boulogne, Charcot, Weir Mitchell observent les cas pathologiques en grand nombre. On est maintenant en présence d'une foule de travaux que viennent bientôt augmenter les recherches expérimentales. Les prenières sont celles de E. H. Weber qui publie en 1834 un travail important sur l'appréciation des poids dans lequel il montre que le sens musculaire joua dans l'appréciation des poids un rôle beaucoup plus important que les sensations de pression.

A partir de cette époque, la littérature du sens musculaire n'a cessé de s'augmenter. A côté des physiologistes et des médecins, les philosophes et les psychologues se sont occupés du sens musculaire, pour essayer de déterminer si ce sens était un sens périphérique ou s'il existe aussi un certain sens d'innervation centrale. Nous ne saurions faire une revue générale des travaux accomplis sur cette question. Nous n'avons mentionné les premières recherches que parce qu'elles sont en général méconnues (1). Nous ne relaterons maintenant que les recherches relatives au sens de position que nous avons particulièrement en vue dans cette étude.

(1) Seul V. Henri dans une revue générale du sens musculaire (Ann. psychol. 1898 mentionne Descartes Berkeley Steinbuch, Brown.

CHAPITRE II

De toute les sensations qui constituent le sens musculaire ce sont celles qui correspondent aux différentes positions des organes moteurs et qui constituent ce que nous appellerons le sens de position (1), qui ont été le moins étudiées. Les expériences faites sur cette question sont contestables et les théories qui en ressortent, fondées plutôt sur des raisonnements que sur les résultats expérimentaux sont incertaines.

L'étude méthodique de cette question est, il est vrai, pleine de difficulté. Nous savons que les phénomènes de mouvement donnent naissance à une série de représentations, visuelles, tactiles, motrices ou verbales, qui se surajoutent aux sensations musculaires. Pour étudier ces sensations il faut porter l'attention du sujet sur la position occupée par l'organe moteur. Le sujet aura par conséquent des représentations associées, et, interrogé, il ne pourra que donner des réponses qui

(1) Nous employons l'expression « sens de position » comme l'on emploie celle de « sens musculaire », sans rien préjuger de sa nature.

traduiront à la fois ses sensations et ses représentations.

Les faits obtenus jusqu'ici sur la perception de position des organes moteurs se rapportent à des cas normaux et à des cas pathologiques. Nous mentionnerons
d'abord les observations sur les sujets normaux.

Goldscheïder fait passer un fort courant par le doigt
d'un sujet ; il a observé que le sujet perdait complètement la notion de la position de ce doigt. Il ne savait
pas s'il était fléchi ou étendu. V. Henri, qui rapporte
cette expérience, pense que c'étaient sans doute les
sensations tactiles intenses ressenties par le sujet qui
l'empêchaient d'analyser ses sensations musculaires.

Steinberg a décrit une expérience très simple dans
laquelle on a une représentation inexacte de la position
d'un doigt : On place l'avant bras et la main sur le
bord d'une table, parallèlement à ce bord, de façon
que le petit doigt l'annulaire et le médius reposent sur
la table et que l'index et le pouce soient en dehors.
On fléchit l'index aussi fortement que possible en
maintenant le pouce en abduction. Il semble alors
que l'index est complètement fléchi et qu'il y a une
flexion de la troisième phalange. En réalité la troisième phalange n'est pas fléchie, elle se trouve dans le
prolongement de la deuxième. L'illusion augmente si
intentionnellement on cherche à fléchir la troisième
phalange.

Ch Féré, étudiant sur lui-même, rapporte l'expérience suivante : « J'ai fait de ma main droite quatre

moules en creux, séparables en une partie inférieure
et une partie supérieure et prenant les doigts, toujours assez séparés pour éviter le contact dans différentes positions. Je me place latéralement contre une
table sur laquelle mon avant-bras repose en traver-
sant un large écran. Je lis à haute voix un livre in-
connu. Cette lecture est assez rapide de manière à
fixer l'attention. Au bout de quelques minutes pendant que je lis sans hésitation, deux aides s'emparent
de ma main qui est derrière l'écran, la placent sur
l'étage inférieur du moule et la recouvrent avec l'étage supérieur. Si l'attention est bien fixée par la lecture, je n'ai qu'une notion très vague de la position dans
laquelle on a mis ma main. Je continue à lire pendant
cinq ou dix minutes. Le moule s'échauffe peu a peu
et finit par ne donner qu'une sensation de contact dif-
fus. Lorsqu'on me demande de désigner la position
de mes différents doigts, à peu près constamment cette
désignation est erronnée et les erreurs peuvent porter
sur tous les doigts. Des dispositions bien caractéris-
tiques comme la flexion ou l'extension du pouce, l'extension ou la flexion de la phalangette sont méconnues ». La désignation n'est exacte que lorsqu'il s'est
produit un mouvement des doigts. C'est l'intérêt de
cette disposition expérimentale de ne laisser inaperçu
aucun mouvement et en particulier des mouvements
subconscients qui passeraient inaperçus dans toute
autre condition. Les moules ne se closent pas sur la
main d'une manière hermétique. En séchant, le plâ-

tre se réduit et laisse un certain espace libre ; mais cet
espace est très minime et le moindre mouvement qui
serait capable d'éveiller le soi disant sens musculaire,
si la main était à l'air libre, provoque une sensation
de pression ou de contact non douteuse. Ce n'est que
lorsque ces sensations ont été perçues qu'on a vraiment
la notion de position bien précise. On a étudié la
notion de position en plaçant un membre dans une
certaine position sans produire de sensations tactiles
qui serviraient au sujet à se rendre compte de la
position. On arrive à ce résultat en excitant un nerf
par le corant électrique. G. E. Muller, V. Henri exci-
taient le médian ou le radial à la région du bras,
avec un courant assez fort. Les doigts se mettaient
en flexion où en demi-flexion et le sujet, interrogé,
répondait qu'ils étaient droits ou un peu courbés.

Henri (1) a étudié dans un cas particulier la précision avec laquelle on se représente la position rela-
tive d'un bras par rapport à l'autre. Cet auteur faisait
ces expériences pour étudier la localisation des sensations tactiles. Il s'est aperçu ensuite qu'elles pouvaient
servir à l'étude de la notion de position. Le sujet a un
bras étendu devant lui sur une table, et les yeux bandés. « Je prenais, dit l'auteur, l'index de sa main libre
« et je faisais dans l'air un certain nombre de mou-
« vements très complexes, puis je plaçais la main du
« sujet au dessus du bras immobile et je demandais

(1) Uber die Raumwahruchmungen des Tastsinnes, p. 107-115.

« au sujet de me dire au dessus de quel point de son
« bras l'extrémité de l'index lui semblait être placée.
« Il devait le décrire aussi exactement que possible.
« Ces expériences ont montré que dans le sens hori-
« zontal les erreurs commises par les sujets étaient
« assez fortes ; elles atteignaient souvent cinq à six
« centimètres, l'index se trouvant par exemple au-
« dessus de l'angle du petit doigt, le sujet disait qu'il
« se trouvait au-dessus du médius. Dans le sens verti-
« cal les erreurs étaient plus considérables, le sujet
« avait une notion beaucoup moins précise de la dis-
« tance verticale de l'index au bras immobile que de
« la position dans le sens horizontal. Ainsi souvent
« le sujet pensait que son doigt était placé à 10 centi-
« mètres au dessus de la surface du bras immobile et
« en réalité il en était à 1 centimètre. » Au point de
vue de l'étude des sensations musculaires l'auteur
ajoute que ces expériences n'offrent que peu d'intérêt.
L'observation interne des sujets a montré en effet qu'ils
avaient une représentation visuelle du bras immobile.
Quant aux sensations nées dans l'organe moteur, ils
n'y faisaient pas attention.

Les recherches faites sur des cas pathologiques sont
assez nombreuses. Elles n'apportent point de renseignements à la psychologie expérimentale mais nous
les exposerons cependant pour pouvoir étudier les méthodes employées.

Leyden (1) étudiant sur des ataxiques a employé le procédé suivant : on place un membre dans une certaine position et on prie le malade qui a les yeux bandés, de placer le membre symétrique dans la même position. On peut facilement mesurer les écarts. Ces expériences ont été répétées après Leyden par beaucoup d'autres auteurs.

Hoffmann (2) a 10 tiges cylindriques de 1 à 10 centimètres de longueur et il place l'une de ces tiges entre le pouce et un autre doigt de la main du sujet. Ce dernier doit indiquer la longueur de la tige placée entre les doigts. L'auteur a pu observer ainsi des troubles de degré différents, quelques malades se trompant seulement de 1 à 2 centimètres, d'autres au contraire ne pouvant pas distinguer si c'est la tige de 1 centimètre ou bien celle de 10 centimètres qui est placée entre leurs doigts.

On a étudié la perte de la notion de position chez les hémiplégiques en plaçant un membre (du côté malade) dans une certaine position, et en priant le malade de toucher avec le doigt une certaine partie de ce membre. On constate des erreurs toujours assez grandes et il semble que ce procédé ne permette de recon-

(1) Ueber Muskelsiun und Ataxie, Virchov's Archiv. 1869 XLVII, p. 342-350.
(2) Deutsches Archiv für Klinik. Ured. 1884 XXXV et 1885 XXXVI, p. 50, 136. bservations de seize malades présentant des troubles variés du sens musculaire.

naître qu'un trouble considérable. Dumay (1) rapporte
l'observation suivante : « A un malade atteint d'hé-
miplégie gauche, on commande de saisir le pouce
gauche avec la main droite. Il porte d'abord cette main
à 20 ou 30 centimètres du pouce indiqué, tombe après
plusieurs tâtonnements sur son avant bras qu'il suit
jusqu'à ce qu'il arrive à saisir le pouce. L'expérience
répétée avec les autres doigts donne les mêmes résultats. Dejerine, Brissaud, Aba, citent beaucup de faits
analogues.

Enfin nous rappellerons les observations intéressantes de tabètiques qui ont une représentation fausse de
la position de leurs membres, et des amputés qui ont
souvent une illusion de leur membre absent qui leur
semble être dans une certaine position et qui arrivent
en général par la volonté à mouvoir ce membre ima-
ginaire. Ces faits sont sous la dépendance d'excitations
siègeant dans les centres nerveux ou dans les nerfs. Ils
ont été mis en évidence par Weir Mitchell (Injuries of
nerves and their conséquences, 1892), et surtout Pitres
(Etude sur les sensations illusoires des amputés. Ann.
Médico-psychologiques 1897, p. 5-19 et 177-191).

Tel est l'ensemble des faits théoriques et expérimentaux que l'on peut réunir sur la perception de la
position des organes moteurs. V. Henri, qui les relate

______

(1) Recherches cliniques sur la sensibilité généra'e du sens
musculaire et du sens stéréognostique dans les hémiplegies de
cause cérébrale. Thèse Paris, 1897.

dans une revue générale du sens musculaire (*Année psychologique*, 1898, V. p. 407-560), conclut en disant qu'ils n'apportent aucun renseignement précis sur la question. « Ce sont seulement des observations « préliminaires, dit-il, il manque encore une étude « méthodique de la question...

« On n'a pas insisté suffisamment sur la complexité « du processus et sur la distinction de ses deux parties, « essentielles : sensations provoquées dans l'organe « moteur et représentations surajoutées par associa- « tions. »

Deux théories très différentes sur cette question restent actuellement en présence. L'une, fait du sens de positions le résultat d'associations créés empiriquement. Le sens de position serait un phénomène complexe et ce n'est que par l'intermédiaire d'une association d'images que l'on arriverait à cet état de conscience qu'est la notion de position. Cette manière de voir à rallié la majorité des auteurs.

D'après la seconde théorie l'attitude d'un membre serait sentie immédiatement, spécifiquement, pour ainsi dire, grâce à un sens spécial que M. P. Bonnier apelle le « sens des attitudes segmentaires » et qu'il considère comme le fondement de toute notre vie psychique.

Nous décrirons maintenant les expériences à l'aide desquelles nous avons étudié ce problème. En les analysant nous verrons comment elles montrent le mode de formation de la notion de position et permettent ainsi de déterminer sa véritable nature.

CHAPITRE III

Il existe dans le champ des sensations tactiles de
nombreuses illusions qui obéissent toutes à une même
loi générale, en vertu de laquelle en portant une partie
du corps dans une position différente de celle qu'elle
occupe habituellement, on continue à localiser les impressions reçues dans cette région comme si elle était
restée dans sa position normale. L'illusion d'Aristote
en est le type. On sait qu'elle consiste à faire rouler
une petite boule entre l'index et le médius croisés d'un
sujet qui ferme les yeux. Il a la sensation de deux
boules parce que la boule unique est en contact simul-
tanément avec le bord cubital du médius et radial de
l'index et que l'expérience lui a montré que dans la position normale des doigts deux boules sont nécessaires
à la production de ce double contact.

Des phénomènes analogues ont été étudiés par différents auteurs sur d'autres parties du corps, sur les
lèvres par exemple lorsqu'elles sont tirées en sens op-
posé (Czermak), sur le pavillon de l'oreille en le met-
tant en contact avec l'apophyse mastoïde (Henri).

Les illusions que nous avons utilisées pour l'étude

du sens de position sont d'un mécanisme de production plus complexe. En voici la description :

1° Un sujet ayant les yeux clos on lui fait fléchir les doigts d'une main à l'exception de l'index. On saisit celui-ci près de son extrémité de façon à fixer l'articulation distale. L'opérateur place l'index de sa main libre tout près du front du sujet, de manière à ce que la face palmaire regarde son visage. D'un mouvement régulier et assez rapide il approche l'index du sujet de sa main expectante et il touche au même instant la face dorsale de son index avec la pulpe digitale de l'index du sujet et le front de ce dernier avec la pulpe de son propre index. On demande au sujet ce qu'il a senti et il répond : « J'ai touché mon front. »

Certaines conditions sont nécessaires à la production de l'illusion : La température de la main de l'opérateur doit être voisine de celle de la main du sujet. Le grain de leurs deux peaux ne doit pas présenter de très grandes différences. Enfin il faut surtout que les deux contacts soient assez exactement concommittants. Cette dernière condition est la plus importante, mais avec un peu d'habitude l'opérateur arrive facilement à produire des contacts synergiques sans qu'il soit nécessaire de recourir à un appareil, du reste facile à imaginer.

2° On fait asseoir face à face deux sujets auxquels on bande les yeux. On a une tige rigide sur laquelle peuvent glisser deux pinces ou deux tubes perpendiculaires à la direction de la tige et susceptibles d'être fixés à des distances variables. La tige porte, entre les deux pinces des graduations en centimètres et millimètres.

On prie chacun des deux sujets de passer dans le tube ou entre les mors de la pince l'index d'une main (main de nous contraire pour chaque sujet). On fixe à une distance faible (6 à 7 cent.), les appareils de soutènement (pinces ou tubes) sur la tige qui est maintenue verticale.

On prend les mains libres des deux sujets. On les place en face des deux index fixés à la tige de telle manière que chacune présente à l'index du partenaire son bord cubital, la face palmaire regardant en haut.

D'un mouvement synergique, on fait alors heurter d'un choc très rapide le bord cubital de chacune des deux mains par l'index du vis-à-vis.

Chaque sujet, ayant ainsi frôlé la main de son vis-à-vis, s'imagine avoir touché la sienne propre (1).

Comme pour la première expérience certaines conditions sont nécessaires à la production de l'illusion.

(1) Voici une variante de cette expérience que l'on peut réaliser avec un seul sujet : Un sujet ayant les yeux fermés, on saisit son index comme dans la première expérience et l'opérateur lui fait toucher la paume de sa main (près du bord cubital) tandis qu'un aide touche au même instant un point symétrique de la main libre du sujet situés au-dessus ou au-dessous de celle de l'opération.

Le sujet croit avoir touché sa main. Cette expérience réussit pleinement chez tous les sujets. Nous n'avons pas tenté d'ex-

Il faut d'abord comme dans la première expérience que les deux contacts soient assez exactement synergiques. Mais cette synergie est ici plus facile à réaliser. Le grain de la peau des deux sujets ne doit pas présenter de grandes différences, non plus que la température respective de leurs deux mains. Le bras supérieur de chaque sujet ne doit pas dépasser l'horizontale. Enfin il faut avoir soin de mobiliser pendant quelques secondes les bras des sujets et de ne point les laisser longtemps dans une position fixe voisine de celle où se produira le contact. Quand ces diverses conditions sont réunies, l'expérience réussit pleinement et il ne subsiste aucun doute dans l'esprit du sujet, qui répond très affirmativement : « J'ai touché ma main. »

Lorsqu'on atteint une certaine distance d'écart entre les deux bras dans la seconde expérience, ou quand on touche dans la première un point trop éloigné de l'extrémité du doigt, l'expérience échoue. Il y a en quelque sorte un seuil de l'illusion, analogue au seuil de perception des physiologistes.

Nous avons appellé pour la commodité du langage « distance-seuil », la distance pour laquelle l'illusion cesse de se produire.

périences sur cette illusion qui on le devine se prêterait mal à des mesures de grandeur par exemple. Nous l'indiquons cependant parce qu'elle est d'une réalisation facile et peut être utilisée en clinique, nous verrons plus loin comment.

CHAPITRE IV

Nos expériences ont porté sur 20 sujets de 19 à 24 ans, étudiants en médecine ou en droit, de niveau intellectuel très comparable. Nous prions ces sujets de s'abstraire le plus possible, de ne pas se préoccuper de ce que nous faisions et d'attendre simplement une sensation tactile. L'index avec lequel nous touchions le front du sujet était divisé en centimètre et la pulpe de l'index du sujet enduite de noir de fumée. Une simple lecture nous donnait une distance en centimètres.

L'expérience était répétée plusieurs fois, les sujets se remettant dans les conditions psychiques nécessaires à sa réusite. Lorsque nous avions réussi l'expérience avec un contact voisin de l'articulation métacarpophalangienne, nous la renouvelions avec un contact situé quelques millimètres en delà. Si dans ces conditions l'expérience échouait nous considérions que le premier contact indiquait le seuil de l'illusion.

Ce sont les chiffres ainsi obtenus que nous indiquons dans le tableau suivant.

NUMÉRO	AGE	DISTANCE	NUMÉRO	AGE	DISTANCE
1	19	10,3	11	20	11,5
2	23	9,5	12	22	11,3
3	19	9,7	13	22	11
4	21	11,0	14	23	11,3
5	21	9,5	15	19	9,5
6	21	10,3	16	24	9,5
7	23	11,2	17	23	9,5
8	24	10,4	18	23	10,5
9	23	10,3	19	22	10,8
10	20	9,8	20	22	9,8

On voit d'après ces résultats que l'écart est faible entre les divers sujets. La plus petite distance constatée est de 9 cent. 5 et la plus grande de 11 cent. La distance moyenne est de 10 cent. 8.

Nous avons renouvelé ces expériences sur les mêmes sujets nus et nous avons obtenus les résultats suivants :

NUMÉRO	AGE	DISTANCE	NUMÉRO	AGE	DISTANCE
1	19	11,3	11	20	12,4
2	23	10,4	12	22	12,8
3	19	11,2	13	22	12,2
4	21	12,4	14	23	12,5
5	21	9,9	15	19	10,5
6	21	11,8	16	24	11,0
7	23	12,5	17	23	10,8
8	24	11,7	18	23	12,0
9	23	11,5	19	22	11,8
10	20	11,0	20	22	11,0

On voit que pour tous les sujets l'illusion est conservée à une distance plus grande de 1 cent., à 1 cent. 5. Nous verrons ultérieurement quelles conclusions on peut en tirer de ce fait, mais on a déjà là une preuve des données qu'apporte à la notion de position la sensation de contact des objets extérieurs.

Enfin nous avons étudié cette expérience chez neuf enfants de 8 à 11 ans.

Les résultats sont là extrêmement variables et ne se prêtent guère à la détermination d'une mesure. Il est d'abord assez difficile d'obtenir la confiance et la passivité musculaire nécessaires à la réussite de l'expérience. L'enfant, quelque procédé que l'on emploie (1), reste préoccupé de ce qu'on va lui faire. L'illusion ne se produit chez lui qu'imparfaitement, donnant lieu à des sensations vagues et imprécises qu'il traduit par des réponses de ce genre : « Je ne sais pas ce que j'ai senti », « on m'a touché le front avec mon doigt », et sa figure exprime une sorte d'inquiétude.

Dans quelques cas cependant l'expérience réussit pleinement et le sujet répond très affirmativement : « J'ai touché mon front ». Mais l'illusion est toujours beaucoup moins étendue que chez l'adulte et disparaît à une distance de 2 ou 3 centimètres.

---

(1) Nous mettions en marche un métronome en laissant entendre au sujet que nous désirions connaître sa plus ou moins grande aptitude à en compter les battements (Procédé conseillé par Woodwortls).

Ce résultat tient-il à ce que l'enfant reste toujours très attentif aux sensations qu'il va recevoir, ou à sa sensibilité tactile que la majorité des physiologistes considère comme sensiblement plus développée que celle de l'adulte ? Le mécanisme psychologique de l'illusion est trop complexe pour que son analyse permette d'élucider cette question.

Nous avons expérimenté sur trois enfants anormaux : un comitial, deux hérédo-syphilitiques, présentant tous les trois des signes physiques de dégénérescence et les caractères psychiques essentiels de l'enfant anormal. L'expérience échoue complètement, l'illusion ne se produit pas et il n'y a pas à cet égard le moindre doute dans l'esprit du sujet. Chacun de ces enfants eut nettement conscience du double contact de son doigt avec celui de l'opérateur et du doigt de l'opérateur avec son front.

Nous avons opéré sur un nombre par trop restreint de sujets pour tenir compte dans nos conclusions de ce résultat. Mais il nous a paru qu'il devait être cité et rapproché de résultats analogues que vient d'obtenir tout récemment Demoor sur des enfants également anormaux (1).

---

(1) Demoor a étudié chez un grand nombre d'enfants l'illusion de la pesanteur d'après l'aspect. Cette illusion, grâce à laquelle deux objets de même poids ne semblent pas également lourds s'ils n'ont pas le même aspect, est une des plus fortes et des plus universelles que les psychologues connaissent. Dressler (in American Journal of Psychology 1894. VI, 343, 360) l'a trouvée chez les

Nos expériences relatives à la deuxième illusion ont porté sur les mêmes vingt sujets qui étaient prêtés à l'étude de la première illusion. Nous avons obtenu les résultats suivants :

NUMÉRO	AGE	DISTANCE	NUMÉRO	AGE	DISTANCE
1	19	23,5	11	20	20,7
2	23	25,8	12	22	23,5
3	19	23,5	13	22	23,5
4	21	21,9	14	23	23,0
5	21	23,5	15	19	23,0
6	21	25,0	16	24	21,9
7	23	21,9	17	23	22,5
8	24	23,5	18	23	23,5
9	23	22,9	19	22	23,5
10	20	22,5	20	22	23,9

On voit que l'écart minimum est de 20 cent. 70, l'écart maximum de 23 cent. 9.

Comme dans l'expérience précédente, en opérant sur les sujets nus, nous avons obtenu un écart un peu plus considérable.

Là encore, nous obtenons une augmentation à peu près constante. Pour tous les sujets le seuil de l'illusion est élevé d'un chiffre qui ne varie que de 1 cent. 9 à 2 cent. 2. Il semble donc que l'on ait là un élément

173 enfants et 48 adultes sur lesquels il en a fait le contrôle. Les recherches de Demoor montre qu'elle ne se produit jamais chez les enfants anormaux.

constant, traduisant le rôle des sensations dues aux contacts des objets extérieurs.

Si l'on refroidit au chlorure d'éthyle le doigt de chaque sujet sans aller jusqu'à l'anesthésie à la douleur, l'illusion persiste mais pour des écarts un peu moins grands. Mais là les résultats sont très variables et la diminution varie suivant les sujets d'une façon considérable. Et l'on ne peut guère déterminer si la variabilité est due à une plus ou moins grande sensibilité au froid, ou aux différences de réfrigération, cette dernière ne pouvant guère être constante. Le rôle de la sensibilité cutanée est cependant mis en valeur.

NUMÉRO	AGE	DISTANCE	NUMÉRO	AGE	DISTANCE
1	19	11,5	11	20	17,0
2	23	15,8	12	22	14,5
3	19	20,0	13	22	13,8
4	21	17,5	16	23	17,5
5	21	9,8	15	19	9,3
6	21	11.5	16	24	11.5
7	23	14.5	17	23	17.4
8	24	14	18	23	8.9
9	23	11.5	19	22	11
10	20	9	20	22	14

Cette réfrigération donne également lieu a des réponses intéressantes de la part des sujets. Si l'anesthésie a été plus poussée chez un sujet que chez l'autre il y a superposition de sensation. Le sujet chez qui la réfrigération a été moins grande a à la fois une sensation de contact et de froid. Cette double sensation est également obtenue dans le cas ou un des deux sujets à un ongle long et piquant. Le deuxième sujet éprouve une sensation de piqure associée à celle de contact et il déclare : « J'ai touché ma main et en même temps on m'a donné un coup d'ongle.

Si l'on expérimente dans un plan horizontal (et il suffit pour cela de placer dans le sens horizontal la tige graduée et de la faire maintenir par deux aides), on s'aperçoit que l'écart maximum est notablement diminué, comme le montre le tableau ci-dessous.

NUMÉRO	AGE	DISTANCE	NUMÉRO	AGE	DISTANCE
1	19	22.5	10	20	19.9
2	23	19.5	11	20	24
3	19	23.5	12	22	20.5
4	21	20.9	13	23	22 5
5	21	22.5			
6	21	23.5	14	23	21.5
7	23	18.5	15	19	18.9
8	24	21	16	24	19
9	23	20.9	17	23	20.5

On voit que le plus petit écart constaté est de 17 centimètres inférieur de 4 cent. 9 au plus petit écart constaté dans le sens vertical. Le plus grand écart est inférieur de 2 centimètres 5.

Ces résultats corroborent cette notion de physiologie normale d'après laquelle l'étendue d'un mouvement est surtout bien apprécié quand ce mouvement se fait dans sa direction habituelle. Or le sens horizontal pour les mouvements du bras nous est plus habituel que le sens vertical et le jugement rectifie plus rapidement l'erreur (1).

Quand l'expérience est faite dans le sens vertical, le bras supérieur de chaque sujet, nous l'avons dit, ne doit pas dépasser l'horizontale. Ce n'est pas, à proprement parler, une condition de réussite, car l'illusion se produit encore pour une position des bras supérieurs faisant avec l'horizontale un angle de 45°. Mais elle est considérablement diminuée et on la voit disparaître dès que la distance entre les bras eut atteint 10 ou 11 centimètres. Si on élève les bras au dessus de l'horizontale l'écart maximum pour lequel l'illusion est conservée, diminue encore.

Or un seul élément de l'expérience a varié : la position. D'une position normale ,habituelle du bras, nous sommes passé à une position extrême, dans laquelle les surfaces articulaires lés ligaments sont évidemment le siège de plus d'impressions, et aussi sans doute d'impressions plus précises. Pour un écart léger, l'intellect a rapidement de quoi rectifier l'erreur.

On a là, une nouvelle preuve du grand rôle joué par les articulations dans la perception du mouvement (2).

(1) T. SANFORD. Cours de Psychologie Expérimentale.

(2) Pillsburg (in American Journal of Psychology. 1901. XII, 346, 353), Goldscheïder (loc. cit.) considère les articulations comme la source des sensations des mouvements actifs et passifs. Woodworth (loc. cit.) pense de même en déclarant toutefois que la preuve complète de cette localisation reste à faire.

CHAPITRE V

Quel est le mécanisme psychologique de ces illusions ? Nous ne pouvons pas appliquer ici l'une des théories qui expliquent l'illusion d'Aristote et les phénomènes analogues. Nos expériences sont plus complexes et de plus nous devons analyser non seulement leur mode de production, mais aussi pourquoi elles cessent de se produire pour une certaine distance.

Nous prendrons pour type de cette analyse la seconde expérience. Que se passe-t-il dans l'esprit du sujet lorsque recevant une double impression de contact il s'écrie « j'ai touché ma main ? » Nous avons fait décrire à ses bras avant de les fixer dans la position où a lieu l'illusion une série de mouvements compléxes. Mais lorsque ses bras sont arrêtés il n'en reste pas moins au sujet une certaine notion de la position qu'ils occupent, due aux images qu'évoque la sensation d'arrêt (1). Lorsqu'arrive la sensation de contact, cette

(1) L'observation interne des sujets montre qu'ils ne conservent une notion de position qu'à condition de ne pas porter leur attention sur les sensations musculaires. S'ils cherchent à étudier

sensation s'impose à l'esprit du sujet. Elle chasse les représentations associées, parce que l'expérience a appris au sujet qu'il ne pouvait avoir à chaque main une sensation de contact que pour une position déterminée de ses bras, qui n'est pas celle dont il avait conservé une image visuelle.

Lorsque l'illusion est corrigée, un seul élément de l'expérience a varié : la distance d'écart. A cette plus grande distance correspondent des sensations nouvelles évoquant de nouvelles images de position. Ces images se trouvent d'abord dans l'esprit du sujet en contradiction avec le renseignement que lui apporte la sensibilité tactile, puis elles deviennent prépondérantes et amènent la rectification de l'illusion. Les réponses du sujet et sa mimique sont successivement en rapport avec ses états de conscience, d'abord incertains et troublés, puis affirmatifs. On voit par là que l'intellect du sujet utilise pour arriver à la notion de position des données d'ordre différent, les associe et corrige même l'une par l'autre.

C'est qu'aucune des sensations qu'il éprouve ne sont spécifiques. Aucun ne contient en elle même la notion de position comme une sensation olfactive ou calorifique contient par exemple la notion de rouge ou de chaud. Nos illusions ne se produiraient pas si

leurs sensations ils perdent complètement la notion de l'attitude de leurs bras. C. f. Expériences Henri (Uber Die Raumwharnehmungen Der Tastsinnes, p. 107).

la notion de position était une donnée simple, élémen-
taire, directement liée à des impressions sensorielles,
comme le croit M. P. Bonnier. On avait déja produit
contre l'existence de ce « sens des attitudes segmentaires » bien des arguments. Nos expériences en apportent un nouveau en montrant que le sujet n'arrive à la notion de position, que grâce à une véritable opération intellectuelle, à un jugement (1).

Elles permettent encore une sorte de hiérarchisation
des sensations qui concourrent à la notion de position.
Si la sensation tactile efface si bien de l'esprit du sujet les représentations visuelles qu'il a de la position
de ses membres, c'est que la sensibilité superficielle
est en l'absence de la vue la grande source des images
de position. Elle suffit dans la plupart des cas à nous
renseigner sur la position de nos organes moteurs, et
c'est à elle que l'intellect s'adresse d'ordinaire.

---

(1) Cette opération intellectuelle est à vrai dire inconsciente.
Aussi doit-on remplacer le terme « jugement par celui d'inférence
qui n'implique pas une opération mentale active, consciente. C.
f. Ed. Claparède. Le sens musculaire. 1897, p. 35.

CHAPITRE VI

Pour chacune des deux expériences nous avons pu déterminer un chiffre qui traduit la grandeur de l'illusion chez le sujet normal. Cette donnée peut-elle être appliquée à la pathologie et lui apporter des renseignements utiles ? Plusieurs faits permettent de le penser.

Les cliniciens cherchent quelquefois à connaître les troubles du sens musculaire que présentent certains malades en étudiant chez eux les défauts dans la perception des poids. Ils s'adressent pour cela à la méthode ancienne de la moindre différence perceptible, qui suffit du reste dans les troubles marqués comme ceux du tabès par exemple. Mais, si l'on veut déceler une insuffisance légère ou avoir une mesure précise cette méthode ne comporte plus que peu de certitude, par suite de la grande variabilité normale.

« Différentes personnes dans la même situation « montrent des erreurs de perception opposées et une « seule personne peut passer d'une erreur à l'erreur « opposée. Il n'y a pas d'erreur constante. » Ainsi s'exprime Woodwarth dans son livre « Le Mouvement ».

Nous n'avons pas trouvé dans nos recherches de sujets normaux chez qui l'illusion ne se produise pas. Quand nous avons mesuré sa grandeur nous l'avons trouvé presque constante, variant seulement de 1 c. 5 pour une distance de 10 centimètrels dans le premier cas et de 3 cent. 2 pour une distance de 23 centimètres dans le second. La variabilité inhérente à tous les phénomènes biologiques explique ces différences individuelles.

Mais ce n'est pas dans une plus ou moins grande précision (1) des renseignements fournis, mais bien dans la nature des renseignements qu'elles peuvent fournir que se trouve l'intérêt des mesures que nous avons pratiquées. Les données que l'on peut en tirer traduisent en effet l'état de la notion de position d'une façon absolue. Cette notion est souvent l'objet d'un examen clinique, mais elle est trop souvent confondue avec la sensibilité kinesthésique et les deux processus sont très différents.

La notion de position est une notion complexe résultant de l'asociation d'images, tandis que les sensations kinesthésiques sont perçues immédiatement, sont spé-

---

(1) Au point de vue de la psychologie expérimentale la méthode discriminative des poids comporte du reste des variabilités individuelles moins grandes que celles que nous avons constaté dans les illusions que nous avons étudié.

cifiques. L'une peut-être intacte tandis que l'autre est
troublée et réciproquement.

Les moyens cliniques d'investigation ne font nulle-
ment cette distinction et ils ne s'adressent en général
qu'à l'examen de la sensibilité kinesthésique.

La notion de position est-elle troublée dans le tabès
au début par exemple ? Nous n'avons pas fait nous
même ces recherches dans l'impossibilité ou nous
étions de trouver un assez grand nombre de malades
répondant aux conditions requises. Mais les expériences
que nous présentons et les mesures que nous avons
établies permettent de vérifier cette hypothèse.

Il est enfin des cas ou la notion de position est affai-
blie ou abolie, malgré l'intégrité des sensibilités super-
ficielles et profondes. Nous avons montré que la notion
de position résultait d'un jugement associant les données de la sensibilité superficielle et de la sensibilité
pronfonde. Ces dernières étant intactes, il devient légi-
time de penser, lorsque disparaît le sens des attitudes,
à un trouble des associations corticales.

On aurait donc là un élément de diagnostic topogra-
phique déjà signalé en 1897 par C. Verger (1) : « Les
« malades parétiques, dit-il, ont encore (dans les
« lésions corticales) la sensation brute du mouvement
« qu'ils exécutent, mais ils n'en perçoivent nettement
« les yeux fermés, ni l'étendue, ni la direction pré-

(1) Des anesthésies consécutives aux lésions de la zone mo-
trice. Th. Bordeaux 1897, p. 77.

« cise. » Ed. Claparede a signalé des faits analogues en étudiant la stéréo-agnosie et l'apraxie avec troubles d'orientation.

En recherchant chez ces malades les illusions que nous avons étudié on pourra déceler sans doute ces troubles à leur début et en tout cas ne pas laisser s'égarer le diagnostic sur des lésions du système musculaire ou de la sensibilité superficielle.

BIBLIOGRAPHIE

Richet. — *Dictionnaire de physiologie.* III. g.

Morat et Doyon. — *Traité de physiologie.* T. V.

Cl. Bernard. — *Leçons sur la physiologie du système nerveux.*

Beaunis. — *Les sensations internes.*

Woodworth. — *Le mouvement.*

Gley et Marillier. — *Revue philisaphique*, 1887, XXIII, 441.

Sherrington. — *Journal of physiology*, 1894, XVII, 219.

Fleuri. — *Année psychologique*, 1899, v. 399.

Fechner. — *Elemente der psychophysik.*

Ponzo. — *Archives Italiennes de Biologie*, tome IV, et *Contributo de probléma della localozzagione delle sensationi* (V. Congresso di Psicologia, Rome 1906).

Mantegazza. — *Phisiologie de la douleur.*

N. Vaschide. — *Recherches expérimentales sur le rapport de la sensibilité musculaire et de la sen-*

— 44 —

sibilité tactile. C. R. IV Congrès international de psychologie 1900, 449, 453.

Bourdon. — *Sensibilité cutanée ou sensibilité articulaire*. Année psychologique 1906, p. 133, 142.

— *La perception du mouvement de nos membres*. Ann. psychol. 1912, p. 32, 41.

E. de Cyon. — *Etude sur la physiologie du sens de l'espace*.

Ed. Claparède. — *Nouvelle icinographie de la Salpétrière*, 1903, XVI, p. 42, 59.

— *Avons-nous des sensations spécifiques de position de nos membres*, Année psychol. 1900, 249, 265.

Cherechewski. — *Le sens musculaire et le sens des attitudes*. Th. Paris, 1877.

Ed. Claparede. — *Du sens musculaire à propos de quelques cas d'hémiataxie posthémiplegique*, Genève, 1897.

Gley. — *Sensibilité et mouvement*. Revue philoso. 1886. II.

Ribot. — *Les mouvements et leur importance psychologique*. Revue philos. 1889. II.

Sollier. — *Le sens musculaire*, Revue critique. Archiv. de neurologie, 1887. XIV.

Dresslar. — *A new illusion far touch and an explanation for the illusion of displacement of certain cross lines in vision*. Amer. Gourn. of psychol. VI.

Goldscheider. — *Gesammelte Abhandlungen*. 1898.

Von Bierlaviet. — *La mesure des illusions de poids*. Ann. psychol. II, p. 79-86.

Philippe et Claviere. — *Sur une illusion musculaire*. Rev. philos., 1895, II.

Seashore. — *Weber's Law in illusion*. Stud. Yale. Labor. 1896.

Abattucci. — *Etude psychologique sur les hallucinations des amputés*. Thèse Bordeaux, 1894.

Charcot. — *Leçons sur les illusions des amputés*. Leçons du mardi. 1887.

Fraenkel et Faure. — *Des attitudes anormales dans le Tabès, etc...* Nouv. Iconographie de la Salpetrière, 1896, N° 4.

Aba. — *Etude clinique des troubles de la sensibilité générale dusens musculaire et stereognostique, dans les hémiplégies de cause cérébrale*. Th. Paris, 1896.

P. Bonnier. — *L'orientation*. Paris, 1900.

— *Le vertige*. Paris, 1903.

— *L'Oreille*.

— *La seconde pariétale*.

Bourdicaud-Dumay. — *Recherches cliniques sur les troubles de la sensibilité générale du sens musculaire et du sens stereognostique dans les hémiplégies de cause cérébrale*. Thèse. Paris, 1897.

Gerdy. — *De la sensation du tact et des sensations cutanées*. Bulletin de l'Acad. de Méd. 1841-41. VI.

Kraepelin. — *Kraepelin's Psychol. Arbeiten*, 1896. I.

Feré. — *Sensation et mouvement*. Paris. 1900.

Binet et Courtier. — Revue philosophique. 1893. XXXV. 664.

Woodworth. — Psychol. Review. 1899.

Bastian. — Brain. 1887. X.

Toulouse. — Ch. DIRION, libraire-éditeur, rue de Metz, 22